Lieutenant P. JACQUOT

du 102ᵉ régiment d'infanterie

L'Éducation physique

PARIS

LIBRAIRIE MILITAIRE R. CHAPELOT ET Cⁱᵉ

IMPRIMEURS-ÉDITEURS

30, Rue et Passage Dauphine, 30

1909

L'ÉDUCATION PHYSIQUE

PARIS. — IMPRIMERIE R. CHAPELOT ET Cⁱᵉ, RUE CHRISTINE, 2.

Lieutenant P. JACQUOT

du 102ᵉ régiment d'infanterie.

L'Éducation physique

PARIS

LIBRAIRIE MILITAIRE R. CHAPELOT ET Cⁱᵉ

IMPRIMEURS-ÉDITEURS

30, Rue et Passage Dauphine, 30

1909

PREMIÈRE PARTIE

L'Éducation.

Le but de l'éducation doit être de donner à la société des citoyens utiles.

Cette utilité sociale repose sur la culture intégrale, par l'éducation, des moyens d'action naturels, intellectuels et physiques de l'enfant.

L'endurance physiologique est aussi nécessaire à l'homme que l'art de bien écrire ou de raisonner abstraitement.

Dans la première partie de ce travail, nous tenterons de montrer que l'éducation, après avoir, sous l'influence des idées mystiques du moyen âge, négligé, pour ne pas dire méprisé, le développement du corps humain, s'est laissée de nos jours, hypnotiser par une renaissance physique qui, elle, ignorait complètement les lois physiologiques de ce développement.

Dans la deuxième partie, nous essayerons, d'après les physiologistes et les chefs distingués [1] qui furent nos professeurs, d'exposer succinctement les bases scientifiques et les méthodes de l'éducation physique, d'énumérer ses professeurs et de prévoir son influence sur l'avenir physiologique et social de la race.

---

[1] Professeur Demeny, médecin major Dettling, lieutenant-colonel Coste.

L'éducation grecque. — En Grèce, la morale réalisait l'accord de la nature et de la raison. Elle consistait à vouloir la vie ; le bonheur c'était la vertu. Aussi, la culture du corps était-elle inséparable de la culture de l'esprit : dans les palestres et les gymnases, sur le stade et dans les écoles, le citoyen acquérait force et beauté, science et moralité ; il se créait lui-même, recherchant, dans ce perfectionnement simultané, sa liberté de citoyen et sa dignité d'homme. C'est à la moralité physique, à la culture de l'anatomie corporelle, que l'art grec doit d'avoir régné sur le monde. Cet art, en effet, « s'imprégnait de la parfaite harmonie de la vie où la société grecque s'entretenait..., s'approvisionnait sans cesse du sentiment de la beauté humaine ». (BAUDIN.)

Le moyen âge et la culture physique. — Le christianisme ferma palestres et gymnases, et substitua à l'éducation antique une éducation qui se spécialisait, au détriment du corps, dans l'approfondissement des âmes. Rappelez-vous les bandes de flagellants du moyen âge qui parcouraient le pays, les épaules nues, en se battant jusqu'au sang, saint Louis portant la chemise de crin, confesseurs et docteurs flagellant pénitents et élèves, la verge (discipline) indispensable à une bonne culture littéraire et qu'on allait cueillir chaque année en grande cérémonie, etc., etc...

Montaigne, dont le bon sens et le jugement formés à l'école antique firent si souvent la critique des mœurs du temps, propose à ses contemporains une méthode d'éducation que notre société laïque n'a pas encore réalisée. « Les jeux mêmes et les exercices seront une bonne partie de l'étude : la course, la lutte, la musique, la danse, la chasse, le maniement des chevaux et des armes. Je veux que la bienséance extérieure et l'entregent et la disposition de la personne se façonnent quant et quant l'âme. Ce n'est pas une âme, ce n'est pas un corps qu'on dresse, c'est un homme, il n'en faut pas faire à deux, il ne faut pas dresser l'un sans l'autre, mais les conduire également comme un couple de chevaux à mesme timon. »

Certes, nos modernes régents et *magisters* ont perdu l'habitude des verges, d'aucuns le regrettent, mais la culture intensive et exclusive de l'esprit, fondement de l'éducation au moyen âge, demeure.

Et cependant, notre morale est devenue sociale et humaine ; elle ne se borne plus à vouloir des saints, elle exige des hommes ; le travail est sa loi, la civilisation et le progrès sont ses facteurs, et la liberté est son but.

Nous en arrivons à cette inconséquence d'avoir une morale de volonté qui exalte l'individu, qui exalte la vie, la vie pleine, intense, féconde, et dont l'enseignement même va à l'encontre des lois naturelles qui en régissent l'évolution physiologique.

L'éducation moderne. — C'est parce qu'il sentait cela qu'Ernest Lavisse, songeant à sa jeunesse, écrivit cette phrase empreinte de regret et de tristesse : « Nous vécûmes hors de la nature et hors de l'histoire ».

C'est parce qu'il sentait cela que Michelet disait :

« L'éducation française est une éducation tellement artificielle qu'elle subtilise en nous l'esprit aux dépens de toutes les facultés actives, fait de chacun de nous une moitié d'homme : moitié spéculative qui pour faire l'homme complet attend l'autre moitié : la moitié d'instinct et d'action. »

Rappelons-nous encore Montaigne, cet instituteur laïque du moyen âge : « Ce n'est pas une âme, ce n'est pas un corps qu'on dresse, c'est un homme, il n'en faut pas faire à deux... »

Eh bien ! nos éducateurs en font encore à deux, et, depuis la rupture par le moyen âge de l'équilibre antique, cet équilibre ne s'est jamais rétabli.

Toujours l'école réalise la « cloche artificielle » de Taine ; toujours l'école consiste en un four où l'on cuisine les esprits, « où l'on colloque les enfants, non selon les facultés de leur âme, mais selon les facultés de leurs maîtres ». Toujours l'école considère les enfants comme des mécaniques à diplômes, toujours certificat d'études et bachot, qui confèrent le mandarinat, s'acquièrent au prix de veilles et de surmenages.

Et nous avons presque envie de dire : toujours l'école, non adaptée à la science qu'elle enseigne, à la morale qu'elle prône, aux efforts qu'elle exige, constitue un péril social. Employant pour elle une pensée de Gabriel Séailles, nous dirons : « Ce n'est pas l'idéal qui lui manque, mais elle manque à son idéal. »

La pédagogie. — L'école pratique une pédagogie boiteuse, une pédagogie qui néglige en nous la moitié d'instinct et d'action.

Certes l'imperfection de cette pédagogie tient en partie à son origine monastique et à l'inégal avancement des sciences dont elle est la synthèse pratique, mais elle tient aussi à l'ignorance presque générale, par les éducateurs, de l'influence que doit exercer sur elle la psycho-physiologie.

Nos instituteurs enseignent les lois de l'hygiène générale, mais ils ignorent plus ou moins celles de l'hygiène et du surmenage intellectuels, celles de la fatigue, celles de la distribution logique des périodes de travail et de repos ; ils ignorent les conditions physiologiques de la mémoire, de l'attention, de l'effort intellectuel et. physique. A l'école naissent les altérations de la vue, commencent les déviations de la colonne vertébrale, les déformations du squelette ; à l'école pullulent le bégaiement, les troubles nerveux ; à l'école se révèlent, grandissent, les tuberculoses, etc., etc., misères qui relèvent d'une science que tous les maîtres devraient posséder,

enseigner et surtout appliquer ; car il en est souvent de
nous comme du médecin de Montaigne : « Nous connaissons bien Galien, mais nullement le malade. »

Les examens. — Certes, allez-vous dire, la tâche de
l'éducation se complique singulièrement. Nous sommes
de votre avis et, comme vous, nous n'ignorons aucun des
multiples obstacles qui s'opposent à son accomplisse-
ment. Nous avons insisté sur les lacunes de notre pédagogie, mais nous nous rendons compte des difficultés matérielles qui empêchent qu'un même instituteur puisse sur-
veiller cinquante élèves à la fois, découvrir et cultiver
leurs aptitudes si diverses, coordonner et diriger leur
développement intellectuel et physique.

Enfin, il y a encore les exigences de l'examen. Quand
la croissance est terminée, l'intestin présente parfois des
différences de 4 mètres d'un individu à l'autre ; il ne
vient à personne l'idée de le raccourcir ou de l'allonger
chez les extrêmes. Mais quand il s'agit des cerveaux où
les différences sont multiples, infinies, il n'en va plus de
même : pour des examens uniformes, on uniformise les
intelligences. On convient bien encore avec Montaigne que
« les boiteux sont mal propres aux exercices de corps »,
mais on l'abandonne quand il ajoute « et aux exercices de
l'esprit, les âmes boiteuses ».

Si bien que, finalemement, le jour venu des épreuves,
les uns ont trop reçu, les autres pas assez ; à côté des
illettrés, les surmenés, les surchauffés, embryons des modernes déracinés, font leur entrée dans la vie, à moins
qu'ils n'en sortent, sélection brutale par laquelle la
nature reprend ses droits méconnus.

L'organisme humain ne peut en effet échapper impu-
nément, nous ne saurions trop le répéter, à la loi d'équilibre et d'harmonie, et le plus grand péril, pour une
démocratie dont l'idéal est la liberté, c'est-à-dire la con-
quête par chaque individu de son moi, gît dans la mé-

connaissance des lois physiques qui régissent la vie animale et aussi la vie intellectuelle. L'homme moral ne peut être que celui dont toutes les fonctions s'harmonisent avec les conditions de l'existence et les lois de la vie.

La gymnastique empirique et l'éducation physique. — Mais, nous direz-vous, la gymnastique, les sports n'ont-ils pas été introduits dans nos écoles pour équilibrer l'éducation cérébrale, source de la pensée, par celle du corps, source de l'action? N'a-t-on point doté nos écoles de gymnases, de cours où nos fils s'ébattent, manœuvrent et gymnastiquent à tour de bras?

Oui, on a fait cela, mais on a oublié l'essentiel: c'est que l'éducation physique entre dans la définition générale de l'éducation, c'est-à-dire qu'elle a pour but le perfectionnement des fonctions du corps par une méthode inspirée par la science et par l'art et s'adressant à tous: forts ou faibles, jeunes ou vieux.

On a oublié que l'éducation physique était, avant tout, une morale physique aussi indispensable à la formation de l'individu que la morale civique.

On a enfin confondu éducation physique avec développement musculaire, c'est-à-dire avec sport, avec athlétisme, avec le sens erroné attaché dans notre vocabulaire usuel au mot gymnastique : sens inséparable de celui de « sport volant ». (Tissié.)

En effet, la gymnastique empirique, qui est encore à l'éducation physique comme l'alchimie est à la chimie, s'emparant de l'individu en le prenant par l'amour-propre, l'esprit mercenaire, l'orgueil, la brutalité même, s'est surtout proposé de faire tournoyer la moitié de son moi aux hasards du trapèze, de la barre fixe, des parallèles, et d'adopter ceux d'entre nous qui avaient suffisamment d'estomac à des tâches de singe, d'hirondelle ou d'autruche pour le plus grand préjudice des fonctions essentielles de notre organisme d'homme.

Dans des officines intitulées gymnases, dignes pendants de la classe fournaise, on continue officiellement, au mépris de l'âge, du sexe, de la structure du sujet et des lois physiologiques, à brûler des cerveaux, à additionner des fatigues, à tordre des muscles selon des plans d'appareils, à soumettre de jeunes organismes à la sélection d'engins de toute nature, à mépriser les lois de la locomotion et de l'équilibre, à spécialiser les bras, à contrarier les articulations, à localiser la fatigue, à provoquer des stases circulatoires, pulmonaires, cardiaques, céphaliques, qui rendent impossible l'effort intellectuel et occasionnent des troubles nerveux irréparables, à inoculer des tuberculoses, à hypertrophier des muscles, en un mot à opérer par des séductions d'amour-propre, par l'attrait du plaisir et de la parade, par l'excitation à l'acrobatie, une sélection de jeunes athlètes, plus remarquables par la souplesse artificielle de leur corps que par celle de leur intelligence.

Cependant que, dans un coin du gymnase, les timides, les faibles, les dédaignés regardent silencieux et inactifs.

Patience! demain ils auront leur revanche, ils sauront mieux leur leçon. Patience! après-demain députés, ministres, etc., etc., ils recevront les hommages des athlètes, implorant les palmes académiques pour services rendus à la jeunesse dans l'enseignement de la gymnastique.

Sociétés et concours. — L'athlétisme et la spécialisation de l'exercice par les sportsmen dans un but de vanité ou de plaisir, ont engendré les sociétés de gymnastique et les sociétés sportives, cultivant la force et l'adresse pour elles-mêmes et dominées le plus souvent par un esprit d'exhibition, incompatible avec les notions de moralité physique et de perfectionnement humain inhérentes à la définition même de l'éducation physique.

Où fleurit l'éducation physique, les sociétés de gymnastique et les concours sont inconnus. Nul pays ne compte moins de sociétés que la Suède. Mosso, le grand physiologiste italien, écrit quelque part : « Lorsque, dans les concours de gymnastique, je vois défiler des équipes portant des enseignes et des bannières semblables à celles des confréries et toutes scintillantes de médailles, lorsque passent des files de jeunes gens, musique en tête, panaches aux chapeaux..., il me semble assister à quelque fête de sauvages. Mais lorsque j'aperçois ensuite un grand nombre de jeunes gens s'inclinant, se contorsionnant avec des gestes étranges et exécutant tous ces mouvements au signal donné par un cor, le spectacle devient puéril. »

Dilatation musculaire. — La Grèce n'a pas confondu l'éducation physique avec l'athlétisme. Les grands médecins et les grands philosophes de l'antiquité : Hippocrate, Galien, Aristote, Diogène, Platon, ont déclaré l'athlétisme contraire à la nature, dangereux même, et les athlètes, les plus détestables des citoyens, des esprits lourds, abrutis. En fait, le développement de l'athlétisme a coïncidé avec le déclin de la civilisation grecque.

Cette conception de l'athlétisme ne nous étonne pas chez un peuple qui considérait « la gymnastique comme la partie salutaire de la médecine » (PLATON), et où les moniteurs étaient les médecins eux-mêmes ; une statue traduit cette conception : l'*Hercule Farnèse*, modèle d'hypertrophie musculaire, est représenté dans une attitude lasse.

L'éducation physique n'a donc pas pour objet le développement musculaire, car non seulement la force musculaire n'entraîne pas la force de résistance, mais elle peut la diminuer. La plupart des athlètes de nos foires sont rongés par la tuberculose ; Raoul le boucher, le champion de la lutte, vient de mourir à 24 ans d'une méningite tuberculeuse.

Et cela, parce que la dilatation du muscle, consé-
quence de l'effort provoqué par des excitations mor-
bides, engendre une hypertrophie tétanique, phénomène
pathologique préjudiciable à l'ensemble de l'organisme.

Cette dilatation, que le jeune athlète montre orgueil-
leusement, donne l'illusion de la force, de la même façon
que l'alcool et la morphine donnent un instant l'illusion
de la santé.

Donc, en résumé, pas d'athlétisme, pas de spécialisation prématurée, pas d'empirisme surtout, mais de la
science. D'autre part, efforçons-nous par l'école, les
sociétés de gymnastique transformées, les associations
post-scolaires, l'armée, la presse, de donner au peuple un
concept élevé de la gymnastique, de créer une opinion
qui ne puisse sortir des deux termes du problème :
1° rendre robustes les jeunes gens faibles ; 2° empêcher
les forts de tomber dans l'athlétisme. (Mosso.)

DEUXIÈME PARTIE

Bases scientifiques de l'Éducation physique.

L'éducation physique a pour but de rendre robuste ; aussi s'adresse-t-elle : 1° aux poumons ; 2° au cœur ; 3° au système nerveux ; 4° à la digestion et à la nutrition ; 5° aux muscles.

Elle fait l'éducation de chacune des grandes fonctions de la vie et celle des sens par des exercices scientifiquement choisis et gradués.

Les effets produits peuvent se classer en quatre grandes catégories (DEMENY) :

1° Des effets correctifs et hygiéniques qui proviennent de l'amélioration des grandes fonctions. Ils engendrent la santé ;

2° Des effets esthétiques qui assurent le développement normal du corps, améliorent l'attitude. Ils engendrent la beauté ;

3° Des effets économiques qui proviennent de l'éducation des sens et des mouvements. Ils créent l'adresse ;

4° Des effets moraux provenant de la direction sociale offerte à l'énergie humaine.

Les grandes divisions de l'éducation physique sont constituées :

1° Par la gymnastique de développement à laquelle nous demanderons surtout des effets hygiéniques, correctifs, esthétiques, pédagogiques. Elle a pour tâche primordiale la formation du moi ;

2° La gymnastique d'application, à laquelle nous demanderons plus spécialement des effets économiques, c'est la gymnastique de combat, la gymnastique utilitaire, celle qui se propose la protection du moi ;

3° Les grands jeux, auxquels nous demanderons plus principalement des effets psychiques, moraux et sociaux, c'est-à-dire des effets qui contribuent à l'affermissement du moi. (Tissié.)

Action de l'exercice sur les grandes fonctions.

La respiration. — Les exercices respiratoires améliorent la mobilité de la cage thoracique, facilitent la ventilation pulmonaire, rendent les poumons inhabitables aux microbes de la tuberculose.

L'amplitude et la capacité respiratoires, l'amélioration de la fonction pulmonaire, sont encore augmentées par les exercices qui fortifient les muscles élévateurs et abaisseurs des côtes, extenseurs de la colonne vertébrale, fixateurs en arrière des épaules.

Le saut, la marche, la course exploitent et perfectionnent à leur tour la mobilité thoracique et la fonction pulmonaire. « On court avec ses poumons. » (Tissié.)

La circulation. — Plus un muscle travaille, plus il consomme, et par conséquent plus l'irrigation sanguine est intense. Le mouvement favorise donc la circulation sanguine et augmente les déchets, dont l'élimination demandera à son tour un surcroît d'oxygène à la respiration. La nécessité des exercices respiratoires réapparaît donc à la suite de tout travail intense, physique ou intellectuel.

L'activité circulatoire, dans les muscles en mouvement, permet de faire promener par des exercices choisis la nappe sanguine dans toutes les parties de l'organisme.

On conçoit dès lors la possibilité de décongestionner le cœur et le cerveau en attirant le sang dans les masses musculaires. On conçoit également l'influence de certains exercices sur les fonctions cérébrales et circulatoires, et la possibilité d'agir par eux sur les affections cardiaques.

Les exercices respiratoires interviennent pour prévenir ou calmer les palpitations ; les exercices de flexion et d'extension du tronc, combinés avec des exercices respiratoires, soulagent le cœur, le régularisent et mettent en jeu l'élasticité des veines et des artères, élasticité qui s'atténue chez les personnes sédentaires ou alitées.

Les exercices des muscles abdominaux facilitent la circulation abdominale dont dépend la bonne nutrition du corps.

Enfin, la contraction et le relâchement musculaires facilitent la circulation veineuse, aident à l'épuration du sang et s'opposent aux stases sanguines, causes des varices.

La digestion. — La nutrition. — L'action musculaire, utilisant plus rapidement les matériaux nutritifs transportés par le sang, la digestion est activée, et moins de matériaux restent en réserve sous forme de graisses, sucres, etc.

Aussi les lourdeurs d'estomac, les lenteurs digestives, les maladies par ralentissement de la nutrition : obésité, gravelle, goutte, diabète, etc., sont-elles l'apanage des individus sédentaires ou des individus chez lesquels le travail musculaire est insuffisant pour brûler le surcroît d'aliments nutritifs qu'une alimentation riche laisse pour ainsi dire traîner dans leur organisme.

Le renforcement de la sangle abdominale prévient les hernies, facilite la progression des matières alimentaires, contribue à préserver l'organisme de la dyspepsie, de la constipation, de la congestion des viscères, toutes conséquences du relâchement des muscles abdominaux (ventre en besace).

Enfin, la circulation plus intense fouette les déchets. La transpiration est améliorée. La sueur et l'urine entraînent avec plus d'intensité des poisons violents comme l'acide urique, etc.

Squelette. — Muscles. — Les déformations du squelette sont généralement causées par les professions et les mauvaises attitudes. Les plus fréquentes sont :

1° Celles des épaules : hauteur inégale, en porte-manteau, tombantes, etc. ;

2° Celles de la colonne vertébrale : déviation latérale, dos rond, ensellure, etc.

La scoliose, bien connue, provient des mauvaises attitudes prises pour écrire ; des déviations analogues peuvent provenir des stations hanchées et unifessières, et d'une mauvaise station assise.

De nombreuses déformations de la colonne vertébrale proviennent de ce que l'on fait marcher les enfants trop tôt.

Le tourneur, le sculpteur, l'ajusteur, le menuisier, la blanchisseuse, le vigneron, la couturière, le mineur, le remouleur, etc., sont fléchis ou déviés, parfois les deux.

Les terrassiers, les femmes qui portent des fardeaux sur la tête, font constamment des efforts de redressement : ils ont le buste droit.

Les exercices de l'ancienne gymnastique aux agrès développent les pectoraux, rétrécissent la cage thoracique, attirent les épaules en avant, relâchent les muscles du dos, fléchissent la colonne vertébrale, entravent la croissance, etc., etc....

Les muscles abdominaux qui supportent le poids des intestins se fortifient peu dans la vie courante ; aussi, distendus et faibles, causent-ils le ventre en besace et, au moindre effort, des hernies se déclarent : les bouchers,

les boulangers, les lutteurs qui, dans l'inspiration nécessaire à l'effort, refoulent violemment les intestins contre
la paroi abdominale, sont en général affligés de hernie.

Les muscles de l'abdomen jouent encore un rôle dans
le cri, la toux, l'effort, la défécation ; aussi a-t-on vu des
vieillards mourir asphyxiés, parce qu'ils n'avaient plus,
par suite de la faiblesse de leurs muscles abdominaux, la
force de cracher.

Ainsi, au lieu d'un type présentant une poitrine bom-
bée, une colonne vertébrale à courbures normales, des
épaules en arrière, un abdomen effacé ; la vie professionnelle crée généralement un type à la poitrine aplatie, à la
colonne vertébrale déformée, aux épaules en avant, au
ventre saillant, déformations dont les répercussions fonc-
tionnelles se traduisent par des maladies respiratoires et
pulmonaire (tuberculose), des maladies circulatoires
(tachicardie), des maladies de la digestion (dyspepsie,
constipation), des maladies par ralentissement de la nutrition (diabète, goutte), des accidents herniaires, musculaires, etc.

Nous verrons plus loin que la leçon de gymnastique
corrective dégage le thorax, fixe les épaules en arrière,
redresse la colonne vertébrale, renforce la sangle abdominale.

Respiration et attention. — La respiration est liée à
l'attention. L'individu attentif a la respiration faible.
Appliquer son esprit à des spéculations élevées au cours
d'un exercice qui augmente l'acte respiratoire, est chose
impossible, et le cancre de nos écoles est souvent un
petit athlète qui respire trop. « Dans les écoles suédoises,
dit le docteur Tissié, le maître arrête son cours quand il
s'aperçoit que la fatigue cérébrale atténue le pouvoir
d'attention des élèves. Il leur fait exécuter dans la classe
quelques mouvements respiratoires, puis il reprend la
leçon. »

« Savoir jouer des poumons, c'est savoir jouer du cerveau ». (Tissié.)

L'enfant respire profondément, c'est un « véhicule pulmonaire » (Tissié), aussi son pouvoir d'attention est-il rudimentaire ; surmener son cerveau, c'est donc entraver sa capacité respiratoire, gêner son développement pulmonaire, favoriser l'éclosion des maladies mentales et microbiennes.

Circulation et attention. — Un travail cérébral intense augmente l'afflux sanguin au cerveau, le congestionne ; il peut en résulter des palpitations du cœur. D'autre part, la puissance de l'attention dépend de la succession nette et rapide des excitations cérébrales par l'afflux sanguin ; la congestion cérébrale la réduit ou la rend impossible ; elle sera donc renouvelée en puissance par la gymnastique décongestionnante.

Enfin, nous savons encore que l'attention exagère la sécrétion sudorale et qu'elle est rendue pénible par la chaleur.

Nous avons eu un soldat ordonnance qui suait à grosses gouttes en épelant, et Mosso cite des cas de surmenage nerveux chez des adultes auxquels on apprenait à lire.

Fatigue nerveuse et fatigue physique. — Le travail intellectuel et le travail physique intenses ont toujours leur source dans l'activité des centres nerveux ; ils engendrent tous les deux une fatigue de même nature. Le mal de tête qui succède au travail intellectuel a la même origine que l'engourdissement de la jambe après une longue marche. (Mosso.)

Dans les deux cas, l'épuisement cérébral domine la faculté de vouloir. Aussi, si l'on fait succéder un effort musculaire à un effort cérébral, on ajoute deux fatigues de même nature. Il y aura peut-être eu distraction, mais non réparation et repos ; notre cancre de tout à l'heure le sait par expérience, revenu de la leçon de gymnastique en étude, il s'endort sur ses bouquins, et il a raison.

« L'ouvrier, le paysan, le crocheteur, le penseur, l'écrivain dont la force vient de tarir, au soir de leur journée de labeur, sont dans des conditions identiques. » — « Les scories du travail sont les mêmes dans tous les cas », et « la science rapproche les travailleurs dans une fraternité plus intime ». (Mosso.)

La leçon de gymnastique évite ou gradue l'effort, entraîne le corps par une progression douce, évite la fatigue excessive, l'essoufflement, le surmenage, le forçage.

Le cerveau exige la même attention, la même adaptation lente, la même progressivité dans la culture. C'est ce qu'on ignore trop.

Coordination. — Ce sont les centres nerveux qui commandent aux muscles. Il en résulte qu'essayer de coordonner ses mouvements, c'est faire l'éducation des centres nerveux correspondants. « L'incohérence des mouvements ne trahit que trop souvent l'incohérence des idées. (DÉMENY.) Par contre, les exercices disymétriques, les exercices d'équilibre, etc., coordonnent les centres nerveux et influent, dans une certaine mesure, sur l'intellectualité.

Des mouvements cadencés, rythmés, commandés, sont un moyen de nous rendre maîtres de notre corps, et, si des mouvements demandent l'initiative, tout en étant assujettis à des règles fixes comme dans les grands jeux, ils sont parfaits au point de vue social.

Enfin, l'exercice augmente les échanges nutritifs dans les centres nerveux et contribue à faire disparaître les troubles psychiques, apanage des cerveaux mal nourris.

Éducation physique et hygiène.

Éducation des sens. — L'éducation physique englobe encore dans sa sphère l'hygiène générale, celle de l'hérédité de la race, du milieu, de l'âge, de la profession, du sexe, de l'alimentation, du vêtement, de l'habitation ; celle de l'œil, du nez, de la bouche, de l'oreille, du toucher.

En ce qui concerne l'éducation des sens, elle dicte l'emplacement et l'intensité de la lumière à l'école ; elle exerce la vue aux appréciations de longueur et de rapports ; elle utilise les jeux de balle, le tir, la boxe, etc.,... à former le coup d'œil, etc...

Éducation physique et développement intellectuel.

La science a rendu plus étroite la corrélation déjà sentie par la foule entre le moral et le physique. De plus en plus, elle soude la psychologie à la biologie, l'esprit au corps, la pensée à l'action.

Des observations précises des docteurs Townsend et Warner, portant sur 35,000 et 50,000 enfants, ont prouvé que l'équilibre moral et la capacité intellectuelle correspondent généralement à la grandeur et au poids du sujet. Les enfants les moins intelligents sont ceux dont le développement est le plus difficile.

Et cependant, moins avancés que les Grecs, qui remettaient les études après la puberté, bien que servis par une science meilleure, nous persistons à ignorer que, abstraction faite des prédispositions héréditaires, c'est la taille et le poids et non l'âge de l'enfant qui devraient nous guider pour ses études, car « c'est une bonne drogue

que la science, mais nulle drogue n'est assez forte pour
se préserver sans altération et corruption selon le vice du
vase qui la contient. » (MONTAIGNE.)

Nous persistons à ignorer que la diminution du nombre
des enfants obtus réside dans une éducation physique
scientifiquement comprise, coordonnatrice des cellules
nerveuses qui président au mouvement comme aux fonctions du cerveau.

« Avant de philosopher, il faut être », a dit notre
Ministre de l'Intérieur; le corps est aussi une république,
mais malheureusement il philosophe avant d'être, et le
Ministre de l'Instruction publique devrait bien faire de
la phrase de M. Clemenceau la base de la réforme uni-
versitaire.

Le surmenage. — Le surmenage anémie et précipite
l'adolescence, consume le cerveau plus sûrement que
l'alcool, prépare les ratés, les sceptiques, les aigris, les
détraqués, les fous, en un mot quantité de déchets physiologiques et sociaux. L'enfant riche gavé trop tôt de
toutes sciences et l'enfant pauvre envoyé trop tôt à l'usine
deviennent — égalité douloureuse — la proie des mêmes
désordres.

C'est que le surmenage suppose une hiérarchie orga-
nique qui n'existe pas dans la république de notre corps.
Toutes les fonctions sont solidaires et égales, si l'on
entend par là l'égalité démocratique qui, pour l'organe
comme pour l'individu, est le fait d'être ce qu'il doit
être.

L'éducation intellectuelle, aussi bien que l'éducation
physique, ne doit rien imposer, rien forcer; diriger,
canaliser, provoquer, suggérer, susciter l'effort, voilà son
rôle

Malheureusement, l'ignorance de ses lois n'a pas peu
contribué à la dégénérescence moderne issue du double
surmenage cérébral et corporel, d'une existence compli-

quée, avide de consolations, de plaisirs, de besoins factices ; d'un machinisme qui va trop vite, du progrès moral qui va trop lentement, de l'esprit qui s'énerve, à côté du corps qui languit, des cellules nerveuses qui se consument au cours d'une activité précoce ou immodérée, tandis que d'autres cellules stagnent, s'infiltrent de graisses, de sucs, d'acides et de poisons. L'alcool lui même ne devient un péril que parce qu'il constitue l'attraction consolatrice de la misère physiologique ; aussi l'éducateur perd-t-il son temps à le combattre directement.

L'enseignement de la méthode.

Puisque nous connaissons maintenant le but de l'éducation physique, il nous sera relativement facile de déterminer les caractères de la leçon de gymnastique, de cette leçon inspirée par la science de l'être humain et qui doit créer de la santé, donner de la force et de l'adresse, éduquer la volonté et le jugement.

I. *La leçon de gymnastique de développement ou corrective.* — Le but de la gymnastique corrective, considérée comme la base de l'éducation physique, étant de fortifier la santé par le développement du corps, il en résulte :

1º Que les exercices de la leçon doivent être choisis d'après leur valeur physiologique, réglés pendant la leçon même en progressivité, en force, en durée, en rapidité, en fréquence ;

2º Que leur alternance, pour être bienfaisante, fasse succéder les mouvements respiratoires et des membres supérieurs à des mouvements des membres inférieurs qui rappellent le sang aux extrémités ; que les mouvements d'extension succèdent aux mouvements de flexion, etc.

En un mot, il faut que tous les muscles, que toutes les

fonctions dans les organismes soumis à la leçon, travaillent et fonctionnent suivant un plan rigoureux, établi à l'avance d'après les résultats antérieurs et voulu par le professeur.

Une leçon proprement dite de gymnastique suédoise est constituée par des exercices fondamentaux, reconnus nécessaires pour arriver, rapidement, au développement complet du corps et combinés, dans une leçon complète, avec des exercices de locomotion et des applications.

Ces exercices fondamentaux imposent aux groupes musculaires des contractions énergiques ; aussi sont-ils précédés d'exercices simples destinés à préparer l'organisme, entremêlés ou, plus exactement, séparés les uns des autres par des exercices dérivatifs : calmants ou décontractants et suivis d'exercices respiratoires [1].

La gymnastique de développement est essentiellement respiratoire, elle s'adresse principalement à l'enfant et à l'adulte.

II. *La séance de gymnastique d'application.* — La gymnastique plus spécialement utilitaire doit faire l'objet de séances spéciales, graduées et courtes, où les adultes seront exercés, individuellement, dans la mesure des forces acquises aux exercices de développement, à vaincre des difficultés d'ordre matériel.

Au cours de ces séances, des spécialistes se dévoileront : ce seront des sauteurs, des grimpeurs, des coureurs de fond ou de vitesse, des nageurs, des boxeurs, etc... doués de qualités individuelles d'une utilité sociale évidente : sens de l'équilibre, hardiesse, promptitude dans la constatation du danger, précision dans la riposte, etc.

Comme la gymnastique d'application est souvent anti-

---

[1] LEFÉBURE, *Méthode de gymnastique éducative.* — Alcan, éditeur.

physiologique, l'instructeur devra fréquemment revenir aux exercices correctifs.

III. *Les jeux et les sports.* — Les jeux favorisent au plus haut degré le développement des qualités individuelles physiques et morales dans des conditions qui exigent l'obéissance aux règles, la subordination du moi, l'esprit de coopération et de solidarité, en un mot la tendance à l'action collective, ressort des sociétés modernes.

Les petits jeux introduits dans la leçon de gymnastique de développement contribuent surtout à la rendre plus attrayante.

Les grands jeux (foot-ball, cross, rally, etc.) s'adressent aux adultes : comme ils vivent de l'excitation de l'amour-propre, mère du surmenage et de l'athlétisme, ils doivent être surveillés de très près, dirigés avec soin et méthode.

Les moniteurs.

Ce n'est pas tout d'avoir une méthode, il faut l'appliquer ; or, si l'Université nous a donné des professeurs multiples qui se disputent les lobes de notre cervelle, nous a-t-elle donné des professeurs capables de fortifier notre organisme, y compris le cerveau, contre les assauts des sciences abstraites et concrètes, les microbes des maladies, les poisons de la fatigue, les agressions des apaches et les duretés de la guerre ?

Cherchez dans nos institutions les palestres, les gymnases où devraient se former ces faiseurs d'hommes, ces professeurs d'action, chargés de rappeler à « notre sagesse consciente qu'elle doit remplacer les instincts disparus. » (DEMENY.)

Cependant, dans des établissements somptueux, au milieu de parcs magnifiques, des hommes étudient les lois du développement physique et, réellement, ils créent des êtres merveilleusement musclés, dont la beauté, la force, l'endurance à la course provoquent notre admiration. Mais ces créatures d'élite ainsi sélectionnées sont des chevaux, et ces hommes sont des vétérinaires et des éleveurs ; cette science, c'est la zootechnie : elle n'enseigne aux bêtes ni la barre fixe ni le trapèze.

Et, triomphe de cette aberration, nous voyons sur les hippodromes, juchés sur la plus belle des sélections animales : le cheval de course, élancé, gracieux et fin, ces êtres rabougris et déformés par un régime spécial, qu'on appelle les jockeys.

C'est que la France consacre annuellement 9,561,076 fr. à l'amélioration de la race chevaline et 167,000 fr. seulement à l'amélioration de la race française !

Ainsi, nous allons d'un extrême à l'autre, nous créant des chimères et des étalons superbes, mais nous ignorant, nous négligeant, nous méprisant toujours, comme si de nos efforts, de nos œuvres, de nos morales devait sortir un monde nouveau sans rapport avec nous-mêmes, sans rapport avec la vie, avec la vie humaine, généreuse et active !

L'instituteur et l'officier.

La fiche sanitaire. — Cependant, ne nous désespérons pas ; certes, le maître de gymnastique est rare sur le marché, mais une école, celle de Joinville, dont l'enseignement échappait autrefois à la science, est devenue aujourd'hui une pépinière de moniteurs éclairés, véritables « ingénieurs biologistes » (Tissié), qui, espérons-le, se substitueront peu à peu aux manœuvres chargés jusqu'ici du délicat chronomètre qu'est l'organisme de l'enfant ?

Cette pépinière est-elle actuellement suffisante pour doter toutes nos écoles de professeurs d'éducation physique ?

Non, il s'en faut même de beaucoup; une décision heureuse du Ministre de la guerre va faire passer par Joinville ceux des instituteurs-soldats qui présenteront des aptitudes[1]. Ainsi commence à se réaliser, en France, le vœu du docteur italien Mosso, qui rêve de voir tout éducateur doublé, non pas d'un simple sportsman comme en Angleterre et en Amérique, mais d'un professeur d'éducation physique.

D'autres mesures s'imposent; il faut que le progrès pénètre au cœur même des pépinières d'éducateurs : dans les universités, les écoles normales, etc...

Il faut que professeurs, instituteurs, directeurs d'associations post-scolaires, officiers, etc..., collaborent à l'œuvre nationale de régénération physique, et que cette œuvre trouve place au premier rang du programme social des partis démocratiques.

Il faut créer des laboratoires, des chaires de physiologie, de psychologie appliquées à l'éducation physique, qui nous aideront à rénover notre pédagogie; faire entrer dans les programmes de nos universités l'éducation physique et le travail manuel, comme cela se pratique en Amérique, où des ouvriers-maîtres enseignent à des étudiants.

Il faut agrandir le rayon d'action de l'école normale de gymnastique, et qu'à leur tour les moniteurs formés à cette école, qu'ils soient officiers, sous-officiers ou instituteurs, nous ne distinguons pas, instruisent par des entretiens théoriques, appuyés de leçons pratiques, les éducateurs qui n'y seront point allés.

Partout où il y a une garnison devrait se créer un foyer mixte d'éducateurs où les officiers pourraient, non seulement lier connaissance avec les membres de l'Université et profiter de leur expérience pédagogique, mais

---

[1] C'est maintenant un fait accompli : 240 instituteurs passent annuellement par l'École de Joinville. La durée de leur stage est de 3 mois.

encore les initier aux questions militaires d'intérêt général, leur exposer les nouvelles méthodes d'éducation physique, les conseiller sur l'organisation des sociétés de marche, de jeux, de tir, etc...

« Plût à Dieu ! disait récemment un médecin militaire, et surtout aux hommes, que les officiers fussent aussi bien fixés sur la pathologie humaine que sur la pathologie vétérinaire. »

Nous pourrions ajouter : Plût à Dieu que tous les éducateurs fussent aussi bien fixés sur les méthodes de l'éducation physique, que sur l'art de meubler le cerveau ! Si la recrue nous arrive trop souvent déformée, anémiée par la vie professionnelle, et si à l'officier sabreur héroïque, sans plus, doit se substituer l'officier moderne, entraîneur éclairé, physiologiste et hygiéniste, créateur d'énergie et de santé pour le jour problématique de la guerre, à l'instituteur actuel doit se substituer celui dont la tâche, tout comme la nôtre, est d'instruire, d'entraîner, et surtout d'épargner pour les besoins futurs.

Mais pour cela, il faut que l'école, comme la caserne, ait son médecin; que chaque écolier, comme chaque soldat, ait sa fiche sanitaire et physiologique.

En possession de cette fiche, l'instituteur, professeur d'éducation physique, pourra suivre comme l'officier, mieux que l'officier, le double développement de ses élèves ; il adaptera plus sûrement, guidé par le médecin, la besogne intellectuelle à la capacité cérébrale et à la force de l'organisme, car il aura appris que « plus le terrain est aride, plus il faut tailler court la vigne », il n'attribuera plus à la paresse les défaillances morales et intellectuelles dues à la faiblesse, à une mauvaise nutrition, etc... il signalera au médecin, aux parents, et au besoin à l'administration, les cas de misère physiologique.

Enfin, les maladies de l'adulte, de l'âge mûr, de la vieillesse étant en germe dans les affections parfois les plus anodines de l'enfance, cette feuille biologique sera d'un précieux secours non seulement à l'instituteur et au médecin scolaire, mais encore au médecin de la famille.

Nous n'insisterons pas sur l'intérêt que présenteraient en outre ces documents pour l'établissement des lois physiologiques de la croissance de la race.

Tout ceci nous démontre que l'éducation physique doit avoir à l'école une importance égale à celle de l'éducation intellectuelle ; que les leçons de gymnastique de développement et les jeux doivent entrer dans l'horaire pour une durée quotidienne d'au moins deux heures ; que les élèves doivent être classés par le médecin suivant leur tempérament et leur constitution ; que l'admission à la gymnastique d'application et aux grands jeux doit être également décidée par le médecin scolaire.

On devinera aisément les répercussions d'une pareille réforme sur les programmes d'études, l'aménagement des locaux scolaires, etc., etc.

Sociétés de gymnastique et de préparation militaire.

Nous arrivons maintenant au rôle des sociétés de gymnastique et des associations post-scolaires.

Au temps de l'armée de métier, quand la guerre, selon le mot de von der Goltz, n'était pas « l'affaire des nations » ; quand le caractère arbitraire, souvent injuste, des circonstances où était employée l'armée exigeait qu'on la recrutât en dehors de la société et qu'on l'imprégnât des défauts de cette dernière, les portes de la caserne ne s'ouvraient qu'aux seuls organismes d'élite.

Aujourd'hui, l'armée, c'est la nation tout entière, aussi est-elle composée de toutes les individualités disparates, souvent médiocres, qui sont soupçonnées devoir résister à la vie militaire, à ses labeurs, à ses fatigues et, il faut bien le dire, à ses ennuis.

Il en résulte que le citoyen, à l'arrivée au corps, ne ressemble guère au soldat de Végèce : le soldat aux yeux vifs, à la poitrine large, aux épaules fournies, au ventre petit, c'est l'homme moderne, trop souvent déformé par la vie intensive des cités ou la glèbe exigeante.

Aussi, pour que la patrie ne puisse demander à ses fils que des efforts utiles et indispensables au cours d'un service limité, est-il nécessaire que le soldat soit préparé dès l'école et que le devoir militaire, forme du devoir civique, lui soit enseigné par l'instituteur. Il ne sera pas possible d'envisager de nouvelles réductions de la durée du service militaire tant que cette condition ne sera pas remplie.

Le stage militaire du citoyen, c'est-à-dire le temps consacré, sous la direction des officiers, à la préparation immédiate de la guerre, doit être une application des qualités morales et physiques acquises à l'école, des méthodes d'entraînement suivies, non plus dans les sociétés de gymnastique d'autrefois, mais dans les sociétés post-scolaires de préparation au devoir militaire.

Et qu'on ne s'écrie pas, comme ceux qui ne peuvent associer l'esprit militaire à l'esprit civique : « Nous voulons le caporal à la caserne et l'instituteur à l'école. » Ce serait revenir aux fâcheuses tendances de l'armée de métier, et nous avons eu trop à souffrir de cette conception de la défense nationale.

Ne séparons pas les deux artisans d'une éducation qui ne sera efficace que si elle est une et que si ses deux ouvriers, s'estimant l'un l'autre, travaillent l'un pour l'autre, non pas à une œuvre de mort, comme on l'a dit, mais à une œuvre de régénérescenc physiqae et d'assurance sociale.

L'éducation militaire, trop longtemps exclusive, entre dans la définition de l'éducation générale; c'est à lui donner de plus en plus ce caractère que nous devons travailler; l'instituteur à l'école et dans les associations post-scolaires, l'officier au régiment.

Que partout donc, les sociétés de gymnastique, transformées en sociétés de préparation au service militaire, favorisées largement par la loi, devenues des institutions officielles, ouvrent leurs rangs à tous les jeunes gens forts ou faibles, ayant quitté l'école, pour leur enseigner, non pas le maniement des armes ou la manœuvre, mais la gymnastique scientifique qui les améliorera et les fortifiera.

Que partout les sociétés de gymnastique sous l'impulsion de professeurs éclairés, rompent complètement avec les idées de sélection acrobatique, athlétique, et les idées de parade et de concours ; qu'elles se transforment en sociétés de perfectionnement physique, en sociétés de santé, cultivant le mouvement et les sports, non pour eux-mêmes ou pour la galerie, mais pour le bien physique et le bonheur personnel à en retirer.

En un mot qu'elles se transforment en écoles de perfectionnement où sera pratiquée la morale physique de Spencer, la morale physique qui fait la poitrine ample, les poumons sains, qui rythme le cœur, équilibre le cerveau, rappelle à l'homme des instincts oubliés sans les dénaturer et constitue la source même de la volonté agissante.

Et alors, quand l'adulte ainsi développé arrivera au régiment, il aura en lui toutes les aptitudes qui font le bon soldat, ces aptitudes que le conscrit actuel réalise si rarement et que souvent l'officier ne peut plus faire naître, même au prix d'un temps précieux, parce qu'il est trop tard. La récompense de ses efforts pourra résider dans des avantages spéciaux que lui accordera la loi au point de vue du choix de l'arme, du régiment, de l'avancement, etc., mais sa plus sûre récompense sera sa santé même et sa vigueur heureuse.

Le programme des sociétés de préparation militaire a été tracé maintes fois, nous ne ferons que l'esquisser : marche, gymnastique de développement, gymnastique d'application, grands jeux, bicyclette, natation, équitation ; éducation de l'œil : tir au fusil, tir à l'arbalète ; orientation et topographie, lecture de la carte d'état-major et levé rapide, etc...

Surtout pas de parade militaire ou guerrière, pas d'uniformes excentriques, de panaches, etc..., pas de manœuvres ou de maniement d'armes. Ne ressuscitons pas les bataillons scolaires, ne rapprochons pas, par les formes extérieures, l'école ou les sociétés post-scolaires de la caserne, mais travaillons à créer, par de nouvelles méthodes d'éducation, les vertus viriles et les corps assouplis qui feront le bon citoyen et le bon soldat.

C'est-à-dire faisons que la jeunesse vive « en des conditions matérielles, intellectuelles et morales telles qu'elle puisse rapidement s'adapter à la vie de la guerre par un effort conscient de volonté, sous l'influence de motifs moraux ». (Ferrero.)

Nous savons bien que le docteur Mosso a dit quelque part : « La nécessité de procéder à une réforme dans l'éducation de la jeunesse étant reconnue, on ne doit pas confier cette éducation à des militaires qui, par leur nature même, sont des agents trop conservateurs. Dans tous les pays d'Europe le ministre de la guerre est la partie de l'administration publique la moins portée aux innovations. »

Mosso fait erreur en ce qui concerne la France.

Certes, nous avons eu tort, dans notre pays, de confier l'enseignement de la gymnastique à d'anciens sous-officiers trop insuffisamment préparés à leurs fonctions et jouissant généralement de fort peu de prestige auprès de leurs élèves et des autres professeurs : tous les collégiens se souviennent des pataquès et des solécismes du moniteur (pardon, du professeur de gymnastique) qui tenait obstinément à ce que l'on ait les yeux à quinze pas de la tête, et qui entendait toujours ceux qui ne comptaient pas.

D'ailleurs, M. Ch. Humbert nous apprend que pour 95,974 collégiens il y a 266 maîtres de gymnastique; quant aux 3,470,366 écoliers primaires mieux vaut dire qu'il n'en ont aucun !

Continuer de pareils errements serait une lourde faute, car tout le monde reconnaît aujourdhui que la supériorité de la gymnastique suédoise réside moins dans la méthode de Ling que dans la valeur éducative des professeurs de gymnastique. Encore faut-il en avoir assez.

Mais il y a, dans l'armée française, un élément qui échappe à la critique du docteur Mosso : ce sont les officiers et les sous-officiers formés actuellement à l'École normale de Joinville. Ce ne sont pas des rétrogrades, mais, bien au contraire, des novateurs, et le ministère de la guerre laisse loin derrière lui, à cet égard, le ministère de l'instruction publique.

Qu'on se serve, en attendant mieux, de ces capacités pour en former d'autres [1].

La méthode rationnelle au régiment.

L'éducation physique régimentaire peut, et commence en fait, à donner d'excellents résultats.

Sur 51 recrues que nous avons examinées à l'incorporation de la classe, lors de la visite médicale et de l'établissement des fiches sanitaires :

29 avaient une apparence très robuste ;

25 présentaient des déformations très sensibles de la colonne vertébrale ;

42 avaient les épaules mal placées ;

27 une sangle abdominale très lâche (ventre en besace).

On voit par ces chiffres combien sont rares, malgré

---

[1] Commandant Coste, *l'Instituteur et l'Officier dans la nation armée.*

la sélection sévère du conseil de revision, les individus à peu près normalement constitués ! Certes, le
régiment ne corrigera pas complètement les déformations
du squelette dont l'ossification est en train de s'achever.
Aussi bien, n'est-ce pas là son but, ce devrait être par
contre celui de l'école. Mais il s'efforcera d'améliorer les
grandes fonctions et par elles la santé générale et l'endurance à la fatigue.

Après un mois de gymnastique de développement, sur
51 recrues présentes à la compagnie :

29 avaient augmenté de poids ;

13 étaient restés stationnaires ;

9 avaient légèrement diminué.

Au bout de trois mois de la même gymnastique, sur
38 hommes présents à la pesée mensuelle :

28 avaient augmenté de poids dans les limites de 1 à 6
kilogrammes ;

5 étaient restés stationnaires ;

5 avaient diminué.

L'attitude et l'état sanitaire étaient excellents. Aucun
accident herniaire, accidents si fréquents chez les recrues
pendant le premier trimestre d'instruction, ne s'était pro-
duit.

Une diminution sensible de poids pouvant traduire un
état morbide, l'attention de l'officier et du médecin fut
ainsi normalement attirée sur plusieurs recrues, dont
l'une s'exposait, toute nue, cet hiver, au froid de la nuit,
pour être reconnue malade et obtenir un congé de conva-
lescence.

Dans le même laps de temps, l'augmentation moyenne
du périmètre thoracique, obtenue surtout par une amélioration de la fonction respiratoire a atteint six centimè-
tres chez les sujets ayant augmenté de poids et un centi-
mètre et demi chez les sujets ayant diminué de poids.

Chez ces derniers l'activité musculaire avait d'abord
consommé les matériaux nutritifs mis en réserve et

entraîné une fonte graisseuse qui s'était traduite par une diminution de périmètre, récupérée par la suite.

Chez presque tous, la ceinture avait diminué, parfois dans des proportions considérables par suite de l'augmentation de tonicité des muscles abdominaux, tonicité obtenue, il est vrai, grâce à l'appoint de mouvements non prévus par notre règlement.

La gymnastique suédoise de développement peut donc être pratiquée avec succès au régiment. Nous y consacrons un temps précieux, mais nécessaire, parce que la recrue nous arrive déformée, non assouplie et non entraînée.

Mais malheureusement, elle ne s'adresse qu'aux individus déjà sélectionnés par les conseils de revision !

Quels sont donc les déchets de ces conseils ?

23,205 jeunes gens de la dernière classe ont été éliminés pour tares diverses :

3,222 pour affections respiratoires ;

1,574 pour hernies ;

576 pour épilepsie ;

250 pour aliénation mentale ;

1,320 pour crétinisme.

Dans le *Journal* du 24 octobre, M. Victor Margueritte indique que 55,093 conscrits ont été éliminés comme inaptes au service; le quart de la conscription annuelle !

C'est à ceux-là, à ces faibles, à ces dégénérés que s'adresse surtout la méthode d'éducation physique ; or, ils seront les seuls à n'en point profiter puisqu'ils ne seront pas soldats.

Qui peut dire combien la gymnastique de développement, essentiellement respiratoire et soucieuse de la sangle abdominale, aurait prévenu d'affections pulmonaires et d'accidents herniaires.

Quant aux cas d'aliénation mentale, d'épilepsie ..., etc..., nous savons combien souvent ils relèvent de l'alcoolisme, que de saines habitudes d'activité physique contribuent à combattre.

CONCLUSION

La première condition de l'égalité devant l'instruction, c'est d'assurer à l'individu un être complet.

« L'école ne peut faire comprendre à l'esprit ce que la vie seule peut lui révéler, mais ce qu'elle peut lui donner pour cette expérience personnelle qu'il fera plus tard, ce sont les instruments nécessaires pour qu'elle soit bien faite ; ce qu'on peut lui donner, c'est le support d'un corps vigoureux de façon qu'il puisse mener sa vie avec force, vigueur, certitude ; ce qu'on peut lui donner, c'est le développement généreux pour ainsi dire que donnent seuls la santé et l'équilibre des facultés physiques. » (Bourgeois.)

L'éducation physique intégrale, obligatoire, devra donc côtoyer, pour la rendre possible, l'instruction intégrale.

Elle favorisera en outre, dans l'avenir, l'adaptation des classes pauvres aux nouvelles conditions sociales, non seulement en facilitant le développement normal de l'organisme humain, mais encore en contribuant à donner à tous une conscience plus exacte de la vie collective.

Elle sera pour le pays une cause de prospérité, car l'individu dépérit dans nos cités et nos usines, et les sociétés prépondérantes de demain seront celles qui sauront se préparer aujourd'hui les plus robustes ouvriers et les meilleurs soldats.

Enfin, elle nous donnera une vie plus intense, et qu'est-ce qui nous manque à nous Latins : inventeurs, savants, artistes, rêveurs, gavés d'idées, nourris du suc abstrait des sciences et des philosophies, mais toujours fils de ceux dont le corps s'abolissait dans un rêve ascétique ; qu'est-ce qui nous manque, sinon de la vie, de la vie bruyante, matérielle, féconde pour faire vivre et palpiter nos idées ; de la vie pour faire vivre nos corps surmenés ; de la vie encore pour nos sciences et nos arts, de la vie enfin pour notre morale, celle de la conscience moderne libérée, cette morale vaillante et simple à laquelle il arrive parfois d'avoir « les mains calleuses » et dont Gabriel Séailles a pu dire : « Elle se résigne à la mauvaise compagnie des hommes ». « Elle n'est pas toute dans la contemplation du parfait et de l'éternel, elle affronte le spectacle du mal et de la laideur pour les combattre et pour en triompher. Elle ne se tient pas les mains toujours croisées dans l'attitude de la prière, elle manie les rudes outils, elle travaille, elle laboure, elle retourne la terre pour lui confier la semence des moissons de l'avenir. »

PARIS. — IMPRIMERIE R. CHAPELOT ET Ce, 2, RUE CHRISTINE.